PEIDIANWANG SHIGONG GONGYI
BIAOZHUN TUJI

配电网施工工艺
标准图集
（配电站房部分）

国网浙江省电力有限公司绍兴供电公司　组编

中国电力出版社
CHINA ELECTRIC POWER PRESS

内 容 提 要

为指导基层配电网建设管理单位强化配电网工程精益化管理水平、提升配电网工程质量管理能力、提高配电网供电可靠性等工作，作者编写了本书。本书围绕配电网配电站房设备的安装、施工、工艺及流程等内容。全书分为2部分共5章，包括开关站（环网室）、配电室基础施工工艺、电气安装工艺，环网箱、箱式变压器基础施工工艺、接地施工工艺、电气安装工艺。

本书系统实用、重点突出，通过大量的施工图片，让读者更清晰地了解和掌握配电站房的施工工艺和流程。本书可供配电网施工管理人员和技术人员参考使用。

图书在版编目（CIP）数据

配电网施工工艺标准图集．配电站房部分／国网浙江省电力有限公司绍兴供电公司组编．-- 北京：中国电力出版社，2025. 3. -- ISBN 978-7-5198-9495-5

I. TM726-64

中国国家版本图书馆 CIP 数据核字第 20254LG035 号

出版发行：中国电力出版社
地　　址：北京市东城区北京站西街19号（邮政编码100005）
网　　址：http://www.cepp.sgcc.com.cn
责任编辑：崔素媛（010-63412392）
责任校对：黄　蓓　张晨荻
装帧设计：赵姗姗
责任印制：杨晓东

印　　刷：三河市航远印刷有限公司
版　　次：2025年3月第一版
印　　次：2025年3月北京第一次印刷
开　　本：787毫米×1092毫米　16开本
印　　张：4
字　　数：69千字
定　　价：38.00元

编 委 会

主　编　李　骏　胡　泳

副主编　李尚宇　张金鹏

参　编　马　力　陈魁荣　任核权　单林森

顾佳锦　朱佳蕾　李　正　陈可硕

崔嘉佳　高　平　王建良　章　政

杜腾骧　朱伟良　蒋铁勇

为完善配电网标准化建设，提高配电网工程建设工艺水平，国网浙江省电力有限公司绍兴供电公司组织配电网设计、施工及管理人员组成专业工作团队，在广泛征求配电网专业施工人员和管理人员意见的基础上，对配电网施工工艺相关标准作了充分收集和应用研讨，结合《国家电网公司配电网工程典型设计（2016 年版）》的要求，编写了《配电网施工工艺标准图集》丛书。

《配电网施工工艺标准图集》丛书分为四个分册，分别为《10kV 架空线路部分》《10kV 电缆部分》《低压线路部分》《配电站房部分》。

本分册为《配电网施工工艺标准图集（配电站房部分）》。配电站房一般包括独立框架结构的开关站（环网室）、配电室、环网箱及箱式变压器。本书主要介绍了开关站（环网室）、配电室、环网箱及箱式变压器的基础施工工艺、电气安装工艺，以及环网箱、箱式变压器的基础施工工艺、接地施工工艺和电气安装工艺。

本分册包括配电站房部分常用施工环节完整工序及工艺要求，内容图文并茂、简明易懂，读者能快速掌握配电站房部分施工流程和制作工艺。

本书由国网浙江省电力有限公司绍兴供电公司组织编写，本书在编写工作中，得到了相关单位及专家的大力支持，在此致以衷心的感谢。

由于水平有限，本书难免有疏漏和不妥之处，敬请广大读者批评指正。

作　者

2024 年 10 月

目录
contents

第2部分 环网箱、箱式变压器施工工艺

第 1 部分

开关站（环网室）、配电室施工工艺

第 1 章 基础施工工艺

本章主要介绍了开关站（环网室）、配电室的基础施工，包括施工流程、施工工艺、验收要点。其中，开关站（环网室）、配电室基础的施工工艺，包括建筑主体建设、接地装置安装、预埋件安装、门窗安装及通风设备、照明设备、消防设备、电缆层（电缆沟）设备、防水防潮设备等设备安装。

1.1 站房基础施工流程

配电站房基础施工流程如图 1–1 所示。

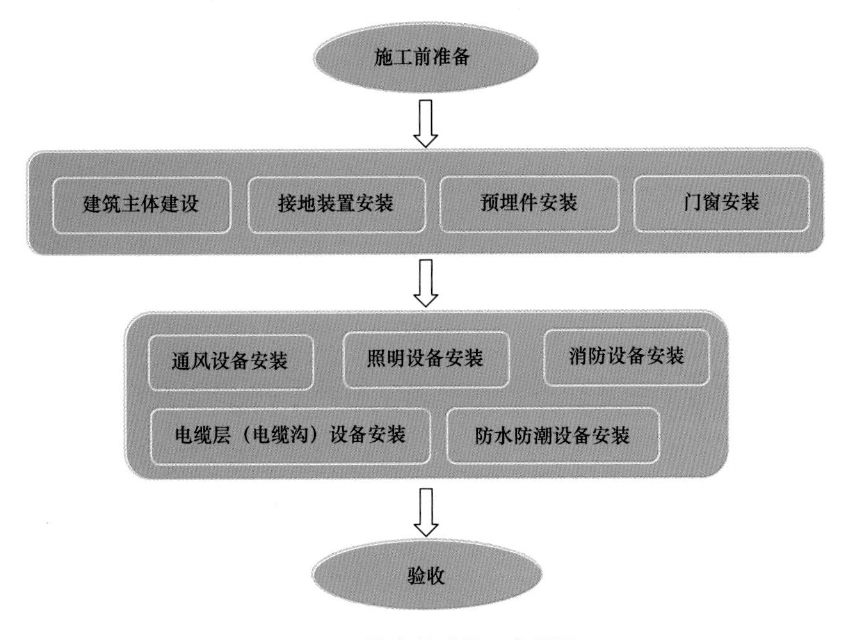

图 1–1 站房基础施工流程图

开关站（环网室）、配电室土建部分一般由地方房地产企业、政府负责，在本书中不再提及。

1.2 施工前准备

施工前准备相应机械、设备、工器具、材料等如图 1–2 ～图 1–4 所示，施工区应实行封闭管理，应采用安全围栏进行围护、隔离、封闭。

吊车

混凝土泵车

混凝土搅拌运输车

挖掘机

图 1-2　主要机械示意图

钢筋弯曲机

打夯机

钢筋调直机

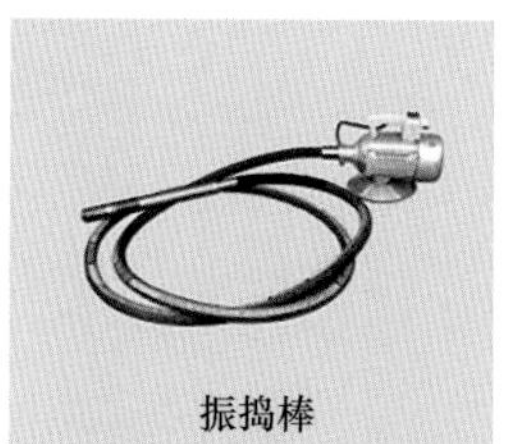
振捣棒

发电机

混凝土搅拌机

钢筋切断机

平板振动器

图 1-3　设备举例示意图

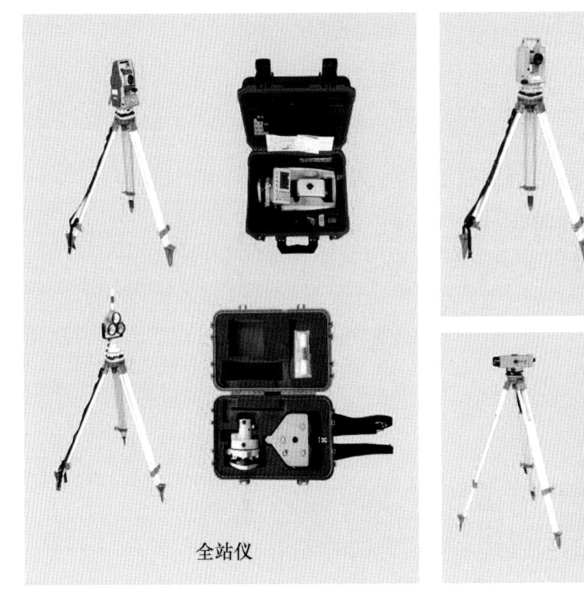

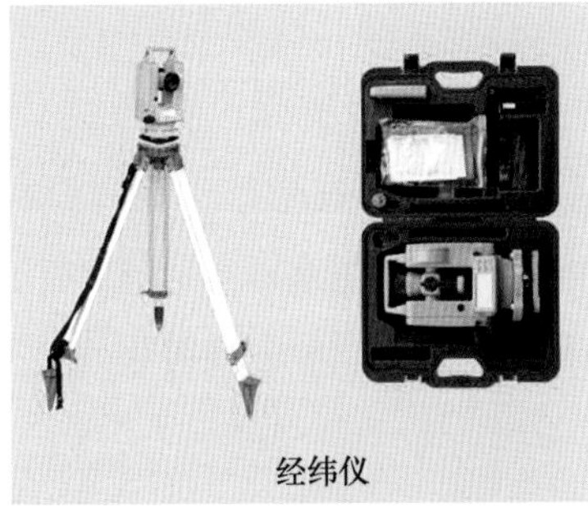

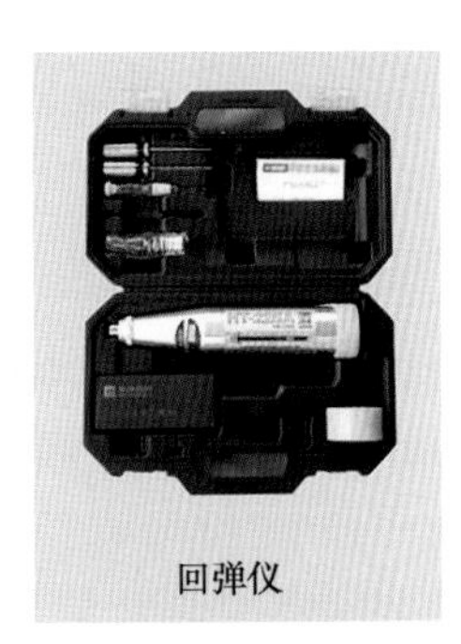

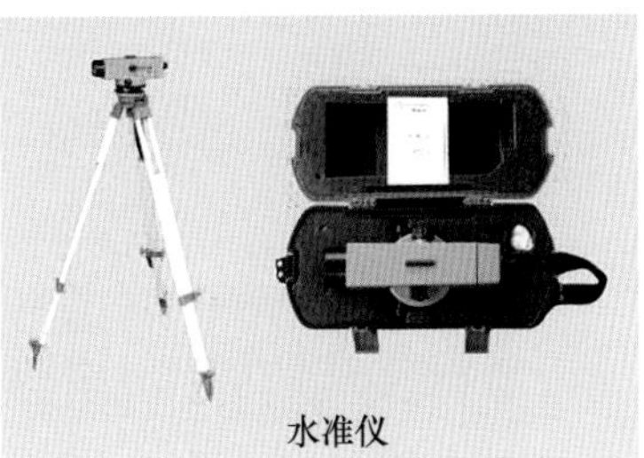

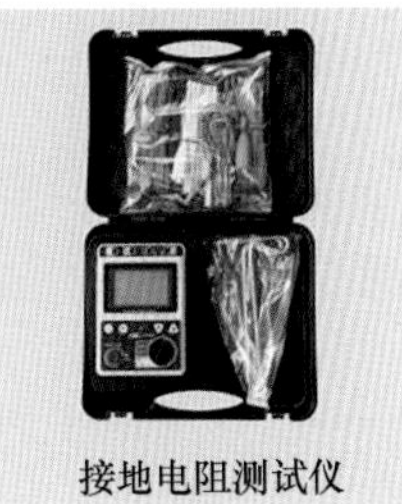

图 1-4　工器具举例示意图

1.3　建筑主体建设

（1）建筑主体位置符合图纸设计、规划审批，标高、检修通道应符合配电土建设计要求，采用独立的地上建筑，独立的建筑物主体屋顶宜采用坡顶，坡度不小于 15°。

室内标高不得低于所处地理位置居民楼一楼的室内标高，室内外地坪高差应大于 0.35m。建筑主体基础应高出路面 0.2m，基础应采用整体浇筑，内外做防水处理。开关站（环网室）设备层高度最低处不小于 4.2m，开关站（环网室）电缆层高度在 2 ～ 2.19m 之间，配电室净高应大于 3.9m。站房主体建设示例图如图 1-5 所示。

图 1-5　站房主体建设示例图

（2）建筑主体根据设防烈度、结构类型和框架、抗震墙高度确定，地震烈度按 7 度设计，并按规范要求执行，地面及楼面的承载力应满足电气设备动、静荷载的要求。

配电站房选址时建于方便电缆线路进出的负荷中心，站址标高高于设防水位，不应设在多尘或有腐蚀性气体的场所，不应设在地势低洼和可能积水的场所。若位于洪涝区域，应加强建筑的防水设计，减少洪涝水位以下的门窗、通气孔等可能进水的面积，必要时增加自动抽水装置和挡水设施。

（3）建筑物地面平整，墙体、顶面无开裂、无渗漏。

建筑主体混凝土标号不小于 C25，同时应满足防风雪、防汛、防火、防小动物、通风良好（简称“四防一通”）的要求，并装设门禁措施。站房“四防一通”示例如图 1-6 和图 1-7 所示。

图 1-6　站房“四防一通”示例图（一）

图 1-7　站房“四防一通”示例图（二）

（4）建筑物的各种管道、通风设施不得从开关站（环网室）、配电室内穿过。

留有检修通道及设备运输通道，并保证通道畅通，满足最大体积电气设备的运输要求。站房检修通道示例如图 1–8 所示。

图 1–8　站房检修通道示例图

（5）电缆沟排水良好（设置排水孔、集水井），盖板齐全、平整；在所有电缆沟的出（入）口处，应预埋电缆管，并在电缆敷设完毕后按要求进行封堵。电缆沟外壁为 20mm 厚 1：2 砂浆（掺入水泥重量 5% 防水剂）光面，钢筋的保护层厚度不小于 30mm。电缆通道和电缆沟施工示例如图 1–9 和图 1–10 所示。

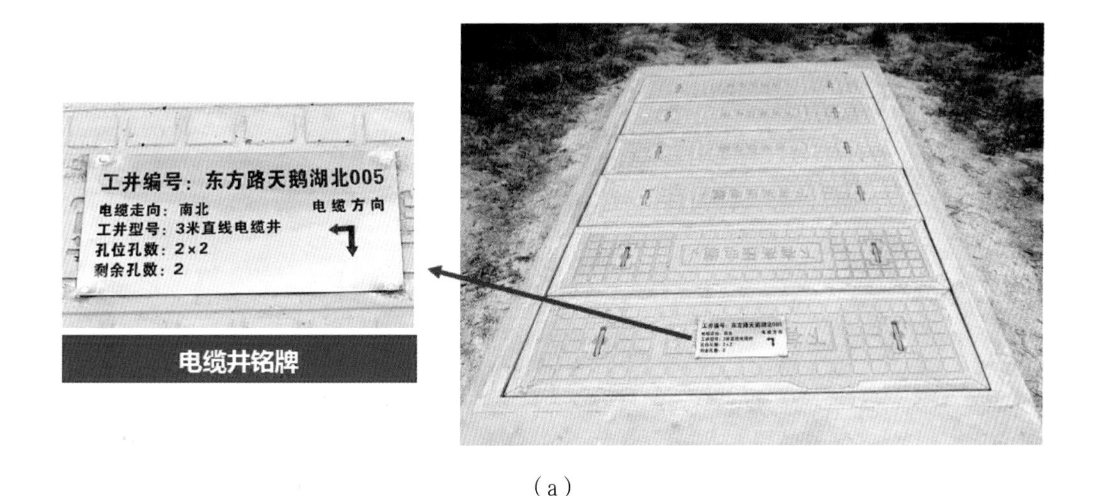

（a）

图 1–9　电缆通道施工示例图（一）

（a）电缆井及铭牌

（b）

（c）

图 1-9　电缆通道施工示例图（二）

（b）电缆通道；（c）电缆井盖板

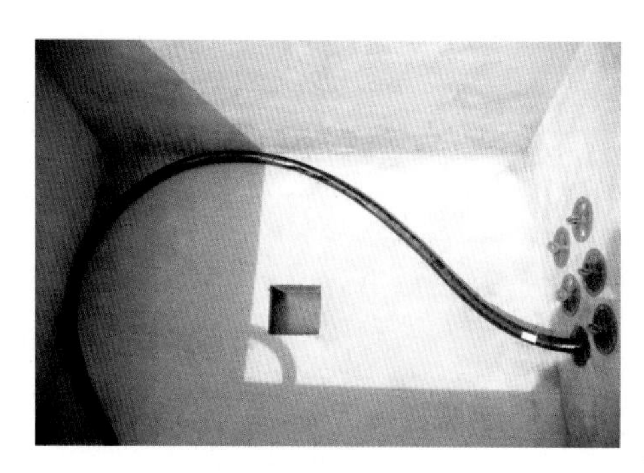

图 1-10　电缆沟施工示例图

1.4　接地装置安装

（1）开关站（环网室）、配电室各接地体应独立接地，安装、接地电阻符合设计规定。接地装置安装示例如图 1-11 所示。

图 1-11　接地装置安装示例图

（2）在各个支架和设备位置处，应将接地支线引出地面；所有电气设备底脚螺丝、构架、电缆支架和预埋铁件等均应可靠接地；各设备接地引出线应与主接地网可靠连接，且主接地网的连接方式应符合设计要求，一般采用焊接，焊接应牢固、无虚焊。槽钢及桥架接地如图 1-12 所示。

1）电缆沟接地扁铁、设备基础槽钢与接地干线应有两个以上连接点。

2）开关柜基础槽钢应不少于两点与主接地网连接。

3）配电室接地网与主接地网可靠连接。

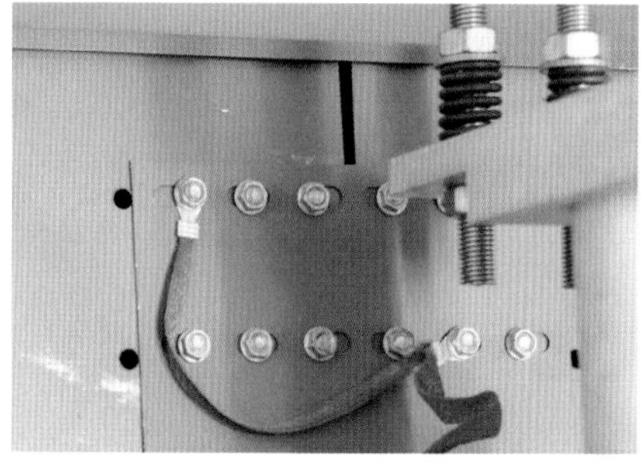

图 1-12　槽钢及桥架接地图

（3）接地引线应按规定涂以标识。

接地线引出建筑物内的外墙处应设置接地标志，室内明敷接地排距地面高度为 300mm，距墙面距离为 100mm（以支撑绝缘子为间距），接地排应涂黄绿标志漆，黄绿间距 20mm。支持件间的距离，在水平直线部分为 1000mm，转弯部分为 100mm。接地装置设置示例要求如图 1-13 所示。

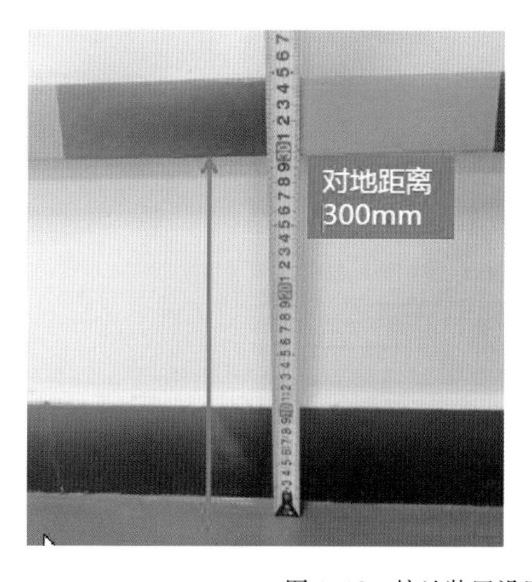

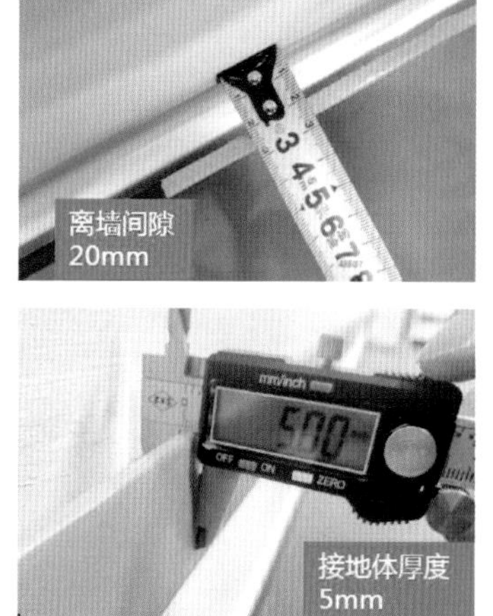

图 1-13　接地装置设置示例要求

（4）开关站（环网室）、配电室内的接地主干线（工作接地带）应采用明敷方式，且设相对应的接地桩，接地桩采用铜质镀铬，每个接地桩配置接地挂锁。

开关站（环网室）、配电室内的接地主干线绕墙一周，过门处采用暗敷方式，两头引出地面后与沿墙明敷接地连接，示例如图 1–14 所示。

图 1–14　接地敷设示例

（5）接地材料搭接符合规范。

1）接地装置应采用有效的焊接固定，镀锌扁钢焊接面不小于扁钢宽度的 2 倍，焊接采用 4 面施焊，并检查焊缝质量。在“十”字搭接处，应采取弥补搭接面不足的措施以满足上述要求。焊接部位及外侧 100mm 范围内应做防腐处理，防腐处理前须去除表面焊渣并除锈。接地搭接示例如图 1–15 所示。

2）接地材料为有色金属时，采用螺栓搭接，钢接地体的搭接应使用搭接焊，裸铜绞线与铜排及铜棒接地体的焊接应采用热熔焊方法。

3）热熔焊具体要求：①对应焊接点的模具规格应正确完好，焊接点导体和焊接模具清洁；②大接头焊接应预热模具，模具内热熔剂填充密实；③接头内导体应熔透；④铜焊接头表面光滑、无气泡，应用钢丝刷清除焊渣并涂刷防腐清漆。

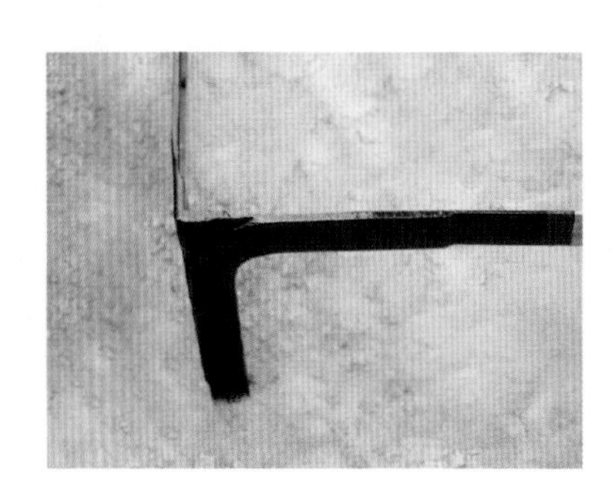
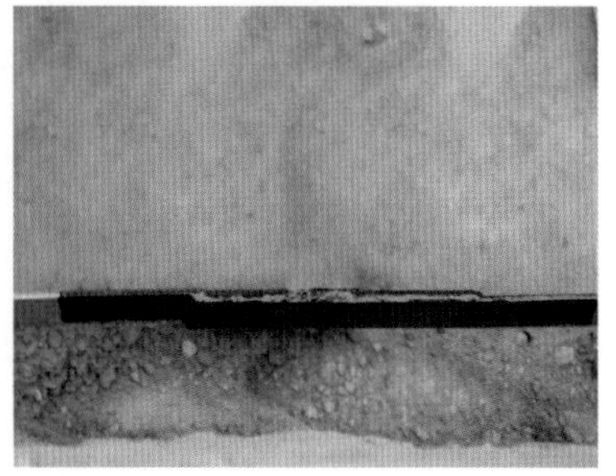

图 1–15　接地搭接示例

1.5　预埋件安装

（1）所有预埋件均按设计埋设并符合要求。预埋件应可靠固定，采用 120×80×6 镀锌钢板和 4 只 ϕ12mm 拉钩焊接并整体镀锌。左右预埋件中心线间距 800mm，上下预埋件中心线间距 350mm，双侧支架预埋件两边应相互错开（见图 1–16）。

图 1–16　左右、上下预埋件保持间距示例图

（2）外露铁件均须做热镀锌防腐处理，电缆沟上下层支架净间距不小于 200mm，支架采用 5mm×5mm 的角钢支架或复合材料支架（见图 1–17）。

图 1–17　预埋件位置及电缆角钢支架图

（3）开关站（环网室）、配电室预埋设备槽钢符合要求。

1）同一排开关柜的基础槽钢开有断口时，开断口应焊接成连通的导体，所有焊口应做防腐处理，预埋件外露部分及镀锌材料应及时做好防腐措施。

2）预埋槽钢采用 8mm×80mm 槽钢，槽钢高于地面 3 ～ 5mm，槽钢间的水平度不大于 1‰。

（4）配电变压器基础件预埋、支架及支架预埋件焊接符合要求。配电变压器基础件预埋不得出现空鼓现象。

1.6 门窗安装

（1）门窗安装位置、数量应符合设计要求，门框应可靠接地，且接地点不少于 2 点。

开关站（环网室）、配电室应有两个及以上出入口，设备进出的大门为双开门，开关站（环网室）大门高应大于 2.7m，宽应大于 1.8m，配电室大门高应大于 2.7m，宽应大于 2.4m，巡视进出门尺寸 270cm × 120cm，门应向外开启。

（2）门窗应满足防火等级（甲级 A、B、C）要求、具备防盗功能，采用钢体门，并做好防火防小动物措施。门户及安装要求如图 1–18 所示。

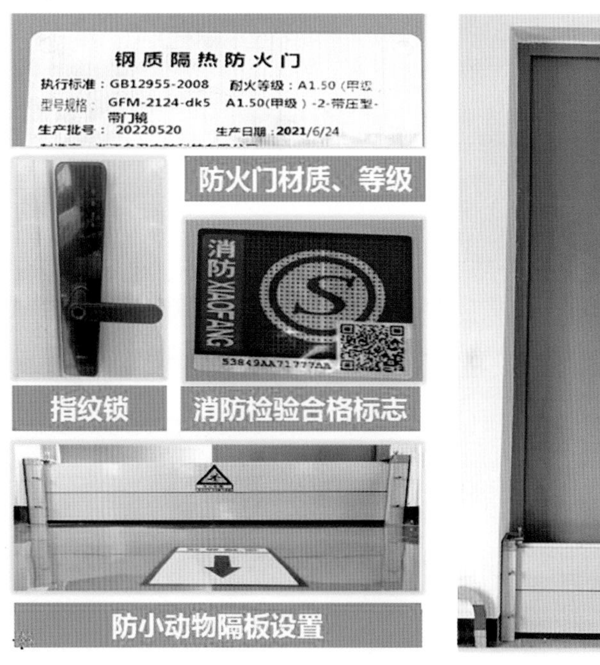

图 1–18　门户设置要求

1）开关站（环网室）、配电室窗户下沿距室外地面高度不小于 1.8m，窗户外侧应装防盗栅栏，装有防止小动物进入的 304 不锈钢菱形网，网孔不大于 5mm。

2）装有自然通风的百叶窗采用双层百叶窗，百叶材料采用 304 不锈钢，百叶窗覆盖面应大于 2∶1，内侧应装有防止小动物进入的 304 不锈钢菱形网，网孔不大于 5mm，如图 1–19 所示。

3）所有窗应采用铝合金材料，采用玻璃时，应使用双层中空玻璃。

图 1-19　窗户及通风装置要求

4）所有门设防小动物、防水挡板，挡板高度不小于 400m，如图 1-20 所示。

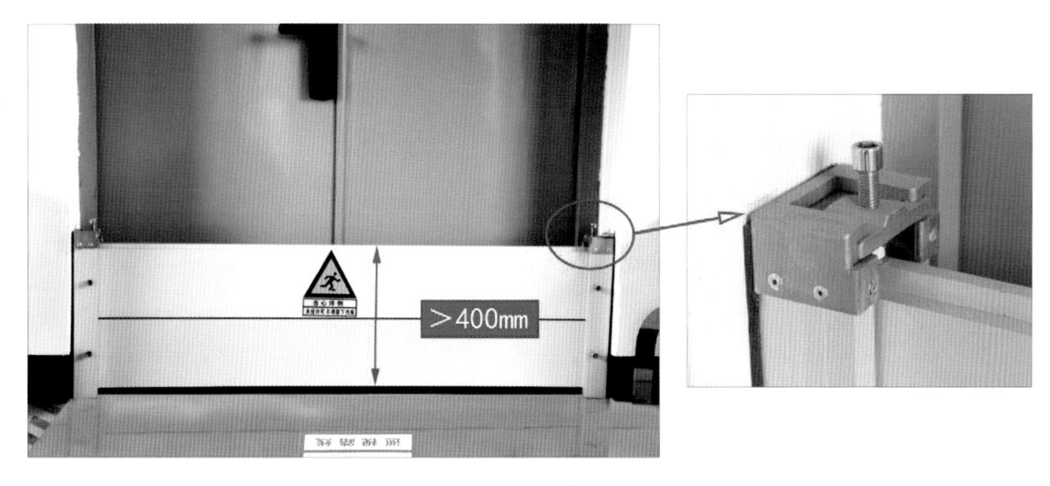

图 1-20　挡板设置图

5）所有门窗边框与墙体的缝隙处必须用泡沫填充剂密封，所有门槛必须实心灌注水泥。

6）门上采用智能门禁锁，不得采用机械挂锁。

（3）开关站（环网室）、配电室外开大门上和门侧外墙上应标示警示警告标识。

外开大门标示“有电危险、禁止入内”警示警告标识，门侧外墙上标示开关站（环网室）、配电室双重命名以及“严禁烟火”“未经许可不得入内”“禁止用水灭火”“当心有毒”“注意通风”“必须戴安全帽”“禁止堆放”等警示警告标识，警示标识设置如图 1-21 所示。

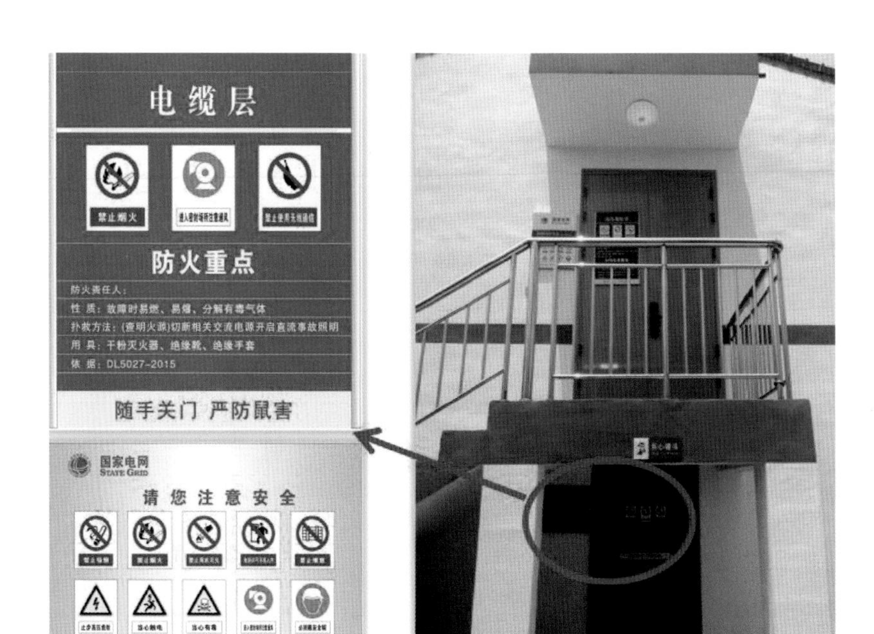

图 1-21　外开大门及警示标识

1.7　通风设备安装

（1）通风一般采用自然通风，通风应完全满足设备散热的要求，强排通风机外形应与开关站（环网室）、配电室的环境相协调，采用耐腐蚀材料制造，噪声不大于 45dB；通风机停止运行时，其朝外一面的百叶窗可自动关闭。

1）开关站（环网室）室内装有六氟化硫（SF_6）设备时，设备层和电缆层应设置强双排装置，且每层不少于 2 组（上送下排，对面安装），下风机下沿距室内地坪 400mm，配电室内装有 SF_6 设备时，强排装置不少于 2 组。

2）强排装置应设在站房门外，并加装门禁装置；站房内需安装 SF_6 气体浓度检测、报警装置，如图 1-22 所示。

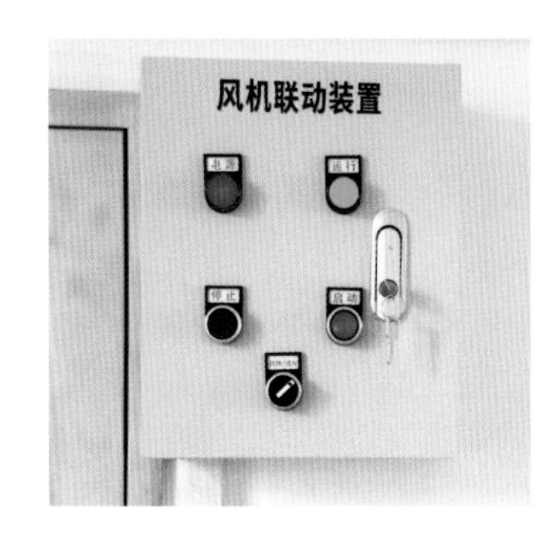

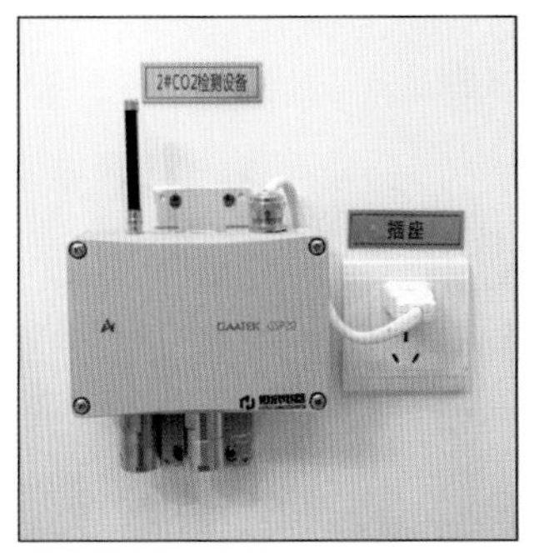

图 1-22　强排装置及二氧化碳检测仪

3）开关站（环网室）、配电室处于环境污秽地区，应加装空气过滤器。

（2）通风设施等通道应采取防止雨、雪及小动物进入室内的措施。

风机的吸入口应加装保护网或其他安全装置，采用 304 不锈钢保护网，网孔为 5mm × 5mm，如图 1–23 所示。

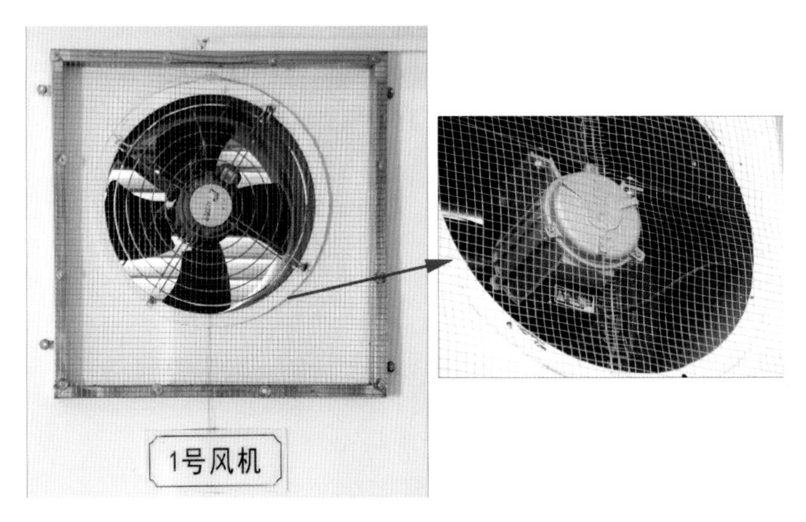

图 1–23　带不锈钢保护网风机

1.8　照明设备安装

（1）电气照明应采用防爆高效节能灯，安装牢固，亮度满足设计及使用要求，如图 1–24 所示。

1）建筑照明系统通电连续试运行时间为 24h，所用照明灯具均应开启，每 2h 记录运行状态，连续试运行时间内无故障。

2）灯具、配电箱全部安装完毕，应通电试运行；通电后应仔细检查开关与灯具控制顺序是否相对应，电器元件是否正常。

3）应急照明供电时间不小于 8h。

图 1–24　防爆灯及应急照明灯

（2）在室内配电装置室及主要通道等处，应设应急照明。

1）照明灯具应设置在配电装置的正上方。

2）开关站（环网室）、配电室动力照明总开关应设置双电源切换装置，动力照明箱采用暗装，走线采用暗敷，如图 1–25 所示。

图 1-25　双电源切换装置照明布置图

1.9　消防设备安装

（1）开关站（环网室）、配电室的耐火等级不应低于甲级，室内应装有火灾报警装置，应能进行现场声光报警并上传报警信号，如图 1–26 所示。

开关站（环网室）、配电室与建筑物外电缆沟的预留洞口，应采取安装防火隔板等必要的防火隔离措施。

图 1-26　火灾报警装置及防火墙观察窗

（2）按国家消防标准配置相应数量的灭火设备。

1）灭火器箱应放置在大门边，根据 GB 50140—2005《建筑灭火器配置设计规范》要求配置消防箱及相应灭火器数量。

2）每个点配置不少于 2 支，灭火器箱无锈蚀、变形、破损，开启应方便灵活，其箱门开启后不得阻挡人员安全疏散。

3）开关站（环网室）设备层配置不少于 4 个点，电缆层不少于 4 个点，配电室每台变压器配置 2 个点。

（3）灭火器采用合格的干粉灭火器，应装入专用灭火器箱，灭火器箱靠墙放，灭火器箱上侧应悬挂灭火器标识牌。

手提式灭火器安装在开关站（环网室）、配电室入口处显眼位置，定点放置，地面用黄色做定点定位，并挂标识牌，如图 1–27 所示。

图 1–27　灭火器箱靠墙放

1.10　电缆层设备安装

（1）电缆支架安装宜采用整体绝缘支架，安装符合设计要求。电缆支架安装平整、牢固，如图 1–28 所示。

图 1–28　电缆支架安装图（一）

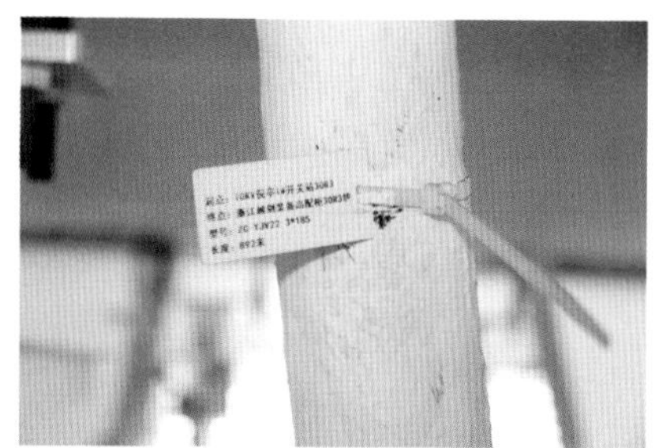

图 1-28　电缆支架安装图（二）

（2）接地干线安装符合规范。

1）接地干线应采用 5mm × 50mm 扁钢。电缆支架应与接地干线连接不少于 2 处。

2）接地线引出建筑物内的外墙处应设置接地标志，室内明敷接地排距地面高度为 0.3m，距墙面距离为 100mm，接地排应涂黄绿标志漆，黄绿间距 20mm。支持件间的距离，在水平直线部分为 1000mm，转弯部分为 100mm。如图 1-29 所示。

图 1-29　接地线引出示意图

（3）水位感应器安装符合设计要求。

开关站（环网室）电缆层应设水位感应装置，安装在电缆进线槽处，如图 1-30 所示。

图 1-30　水位感应装置及湿度检测设备图

（4）电缆敷设符合安装规范，如图 1–31 所示。

1）电缆弯曲半径大于 15*D*（*D* 为电缆直径），不能交叉、缠绕，并涂刷防火环氧树脂漆。

2）电缆层地面必须刷绝缘地坪漆。

3）水平敷设的电缆应沿电缆走向进行均匀涂刷，垂直敷设的电缆宜自上而下涂刷。

4）电缆防火涂料的涂刷一般为 3 遍（可根据设计相应增加），涂层厚度为干后 1mm 以上。

5）防火包带或涂料的安装位置一般在防火墙两端和电力电缆接头两侧的 2 ～ 3m 长区段。

6）防火包带应采用单根绕包的方式，多根小截面的控制电缆可采取多根绕包的方式，两段的缝隙用有机堵料封堵严密。

7）防火包带采取半搭盖方式绕包，包带要求紧密地覆盖在电缆上。

图 1–31　电缆敷设、电缆防火涂料图

1.11　防水防潮设备安装

（1）开关站（环网室）、配电室屋顶应采取完善的防水措施，电缆进入地下应设置过渡井（沟）（或采取有效的防水措施）并设置完善的排水系统。

1）开关站（环网室）电缆层应设水位感应装置。

2）配电室应设置防水挡板，挡板高度不小于 0.4m，如图 1–32 所示。

3）开关站（环网室）、配电室站内设置除湿机，如图 1–33 所示。

1号 除湿机

图 1-32　防水挡板图

图 1-33　除湿机

（2）墙面、屋顶粉刷完毕，屋顶无漏水，门窗及玻璃安装完好。

1）屋顶宜为坡顶，防水级别为 2 级，墙体无渗漏，防水试验合格，屋面排水坡度不应小于 1/50，并有组织排水，屋面不宜设置女儿墙，屋顶采用高性能防水材料双层敷设，墙体无渗漏，淋水试验合格。

2）屋顶边缘应设置 300mm 的翻边或封檐板，如图 1-34 所示。

3）无屋檐的开关站（环网室）、配电室在风机、窗户、门等易被雨水打入处应加装防雨罩，且接缝处应进行密封处理，如采用玻璃胶密封接缝。

图 1-34　坡屋顶翻边或封檐板图

（3）电缆、通信光缆施工检修完毕应及时加以封堵。

电缆进线处应做好防渗水、进水措施，做好有效封堵，如图 1-35 所示；室内电缆沟（较大的）应设集水坑，以防进水后浸泡电缆，如图 1-36 所示 .

图 1-35　室外电缆井电缆进出线封堵

图 1-36　室外电缆井（集水坑）

1.12　验收要点

（1）室内墙体验收：建筑物地面平整，墙体、顶面无开裂、无渗漏。

（2）门、窗验收：安装是否平整，缝隙处是否密封。

（3）设备基础平整度验收：设备基础平整度是否合格。

（4）照明验收：照明安装位置是否合理，灯具是否合格。

（5）接地验收：单独接地装置不少于 4 处，单独接地装置的接地电阻不大于 4 欧姆，室内主接地网接地电阻不大于 1 欧姆，主接地网焊接点是否合格。

（6）电缆层支架验收：支架安装是否平整，支架是否接地。

第 2 章　电气安装工艺

本章介绍了开关站（环网室）、配电室的电气安装工艺，包括高压柜、低压柜安装施工工艺及验收要点。

2.1　高压柜安装

（1）所有柜体应安装牢固，外观完好，无损伤，内部电器元件固定牢固。

（2）依据电气安装图，核对主进线柜并将进线柜定位，相对排列的柜应以跨越母线柜为基准进行对面柜体的定位，保证两柜位置相对应。在基础槽钢上依次精确调整开关柜的位置和垂直度，盘柜间接缝尺寸测量、顶部和垂直度误差测量如图 2–1 所示，盘间不平偏差尺寸测量如图 2–2 所示。调整开关柜位置时，应注意开关柜的主母线和接地母线，使其能插入到临柜相应的连接位置。屏柜安装偏差要求见表 2–1。

图 2–1　盘柜间隙测量

表 2–1　屏柜安装偏差表

序号	检查项目	要求
1	垂直度偏差	≤ 1.5mm/m，全长≤ 3mm
2	侧面垂直度偏差	≤ 2mm
3	跨越母线柜左右偏差	≤ 2mm
4	水平偏差	相邻两盘≤ 2mm，成列盘≤ 5mm
5	盘间不平偏差	相邻两盘≤ 1mm，成列盘≤ 5mm
6	盘间接缝	≤ 2mm

图 2-2　盘间顶部与垂直度误差

（3）柜体固定方式应按设计要求进行，无要求时宜采用焊接或在基础型钢上钻孔后用螺栓固定。采用螺栓固定时，应采用双螺帽螺栓连接并固定牢固。相邻开关柜应以每列第一面柜为准对齐。使用厂家专配并柜螺栓连接，调整好柜间缝隙后，紧固相邻柜间连接螺栓，柜间连接螺栓安装如图 2–3 所示。接地干线安装应符合规范。

图 2–3　柜间连接螺栓安装示例图

（4）开关柜的机械闭锁、电气闭锁应动作可靠、准确和灵活，具备防止电气误操作的“五防”功能。

（5）柜内母线连接接触面间应保持清洁，宜涂电力复合脂。母排搭接面应连接紧密，螺栓与母线紧固面间均应有平垫圈，螺母侧应装有弹簧垫圈或锁紧螺母，连接螺栓应用力矩扳手紧固。母线平置时，贯穿螺栓应由下往上穿，螺母应在上方；其余情况下，螺母应置于维护侧，连接螺栓连接应紧固可靠，长度宜露出螺母 2 ～ 3 扣，如图 2–4 所示。

图 2-4　母线连接螺栓安装效果图

（6）金属封闭母线应在绝缘电阻测量和工频耐压试验合格后，再与设备的螺栓连接，对额定电流大于 3000A 的导体，其紧固件应采用非磁性材料。

（7）开关柜门外侧应标出主回路的一次接线图，注明操作程序和注意事项，各类指示标识应显示正常，如图 2-5 所示。

图 2-5　开关柜门一次接线图

（8）手车式开关柜手车应推拉灵活轻便，无卡阻、碰撞现象，相同型号的手车应能互换，如图 2–6 所示。

（9）手车式开关柜手车推入工作位置后，动触头与静触头的中心线应一致，动、静触头接触应严密、可靠。

（10）手车与柜体间的接地触头应接触紧密，当手车推入柜内时，其接地触头应比主触头先接触，拉出时接地触头应比主触头后断开。

（11）手车式开关柜手车和柜体间的二次回路连接插件应接触良好，并有锁紧。

（12）手车式开关柜安全隔离板应开启灵活，动作正确到位、闭锁可靠。

（13）手车式开关柜柜内控制电缆应固定牢固，不应妨碍手车的进出。

图 2–6　手车式开关侧视图

2.2　低压柜安装

（1）所有柜体应安装牢固，外观完好，无损伤，内部电器元件固定牢固。

（2）依据电气安装图，核对主进线柜并将进线柜定位，相对排列的柜应以跨越母线柜为基准进行对面柜体的定位，保证两柜位置相对应。在基础槽钢上依次精确调整开关柜的位置和垂直度。调整开关柜位置时，应注意开关柜的主母线和接地母线，使其能插入到临柜相应的连接位置。

（3）柜体固定方式应按设计要求进行，无要求时宜采用焊接或在基础型钢上钻孔后用螺栓固定。采用螺栓固定时，应采用双螺帽螺栓连接并固定牢固。相邻开关柜应以每列第一面柜为准对齐，使用厂家专配并柜螺栓连接，调整好柜间缝隙后，紧固相邻柜间连接螺栓。

（4）检查抽屉或抽出式机构抽拉是否灵活，应无卡阻和相碰现象，同型号、规格的抽屉应能互换。

（5）检查抽屉动、静触头的中心线是否一致，触头接触应紧密，机械闭锁或电气闭锁应动作正确。

（6）二次回路用主开关应按设计要求选取，无相关要求时应用微型断路器，指示、取样电源部分在主开关母线侧取。每个进线柜二次室各带 1 只低压断路器。

（7）低压配电装置的连线均应有明显的相别标记。

2.3 其他设备安装

（1）开关站（环网室）、配电室应配备专用资料柜，存放典型票运规、档案资料、警示牌等，如图 2-7 所示。

（2）开关站（环网室）、配电室等室内应设置报警装置，发生盗窃、火灾、SF_6 含量超标等异常情况时应自动报警。

（3）开关站（环网室）、配电室出入口应加装防小动物挡板，其高度为 0.5m，材质为塑料、金属或木板制作，安装方式为插入式，防小动物板上部刷防止绊跤线标志；所有门（含防止动物板）关上后缝隙不大于 0.5cm。

（4）当开关站（环网室）、配电室位于地下室，且室内无集水坑及排水通道时，防小动物挡板应为高度为 0.5m 的水泥墩（防电房进水）。

（5）开关站（环网室）、配电室窗应加装防小动物不锈钢网，其规格型号应符合设计要求。

（6）开关站（环网室）、配电室上墙资料齐全。上墙资料包括：巡视检查项目、运行人员岗位责任制、倒闸操作流程、一次接线图（一次接线图另需模拟操作屏）、二次接线图、电缆走向图等，站内上墙制度示例如图 2-8 所示。

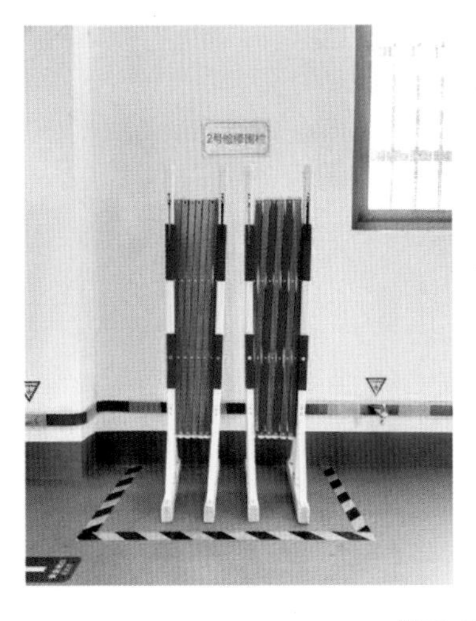

图 2-7　资料柜、警示牌图例（一）

图 2-7　资料柜、警示牌图例（二）

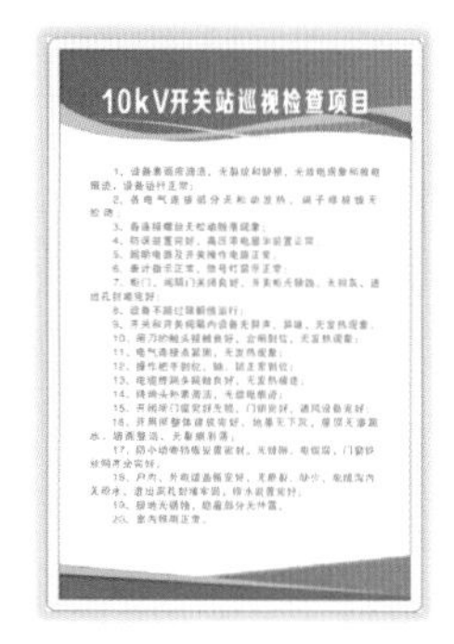

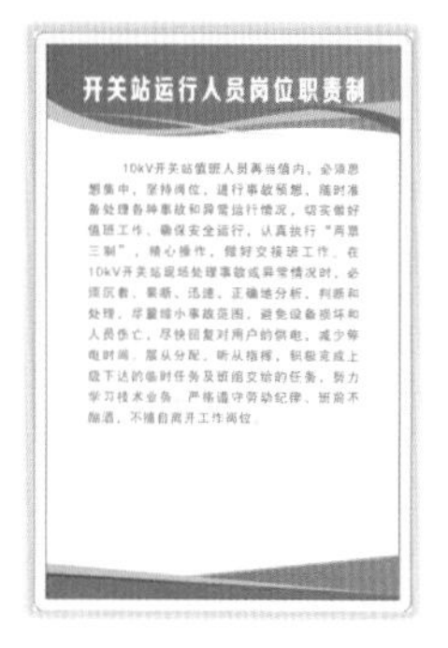

图 2-8　站内上墙制度示例

2.4　验收要点

（1）运行标识是否齐全，安装位置是否正确。

（2）开关柜体、互感器外壳、底座应可靠接地；开关柜门内侧应有标出主回路的线路图、一次接线图。

（3）各类指示仪表显示正常；手动操作机构动作灵活、可靠。

（4）开关柜（配电屏）前、后通道符合最小宽度要求；变压器外廓与墙壁或围栏的符合最小净距；开关柜及站内设备铭牌位置准确，内容与一次接线图相符。

（5）开关柜及站内设备运行状态牌安装位置统一。

（6）其他设备配置完整，标识规范。

第2部分

环网箱、箱式变压器施工工艺

第 3 章　基础施工工艺

环网箱用于中压电缆线路分段、联络及分接负荷，环网箱亦称开闭器。本章介绍了环网箱基础施工、接地网敷设、电气安装的施工流程、工艺要求以及验收要点。箱式变压器与环网箱施工工艺雷同之处不再重复赘述。

3.1　施工流程

环网箱基础施工流程如图 3–1 所示。

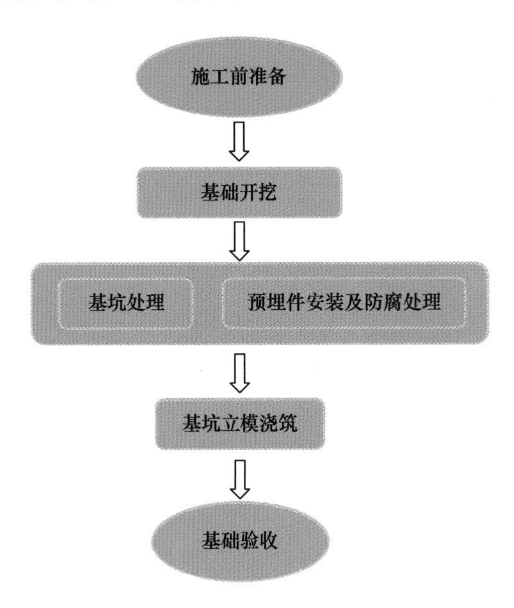

图 3–1　基础施工流程图

3.2　施工要求

施工前准备

施工前准备相应材料、机具等，如图 3–2 ～图 3–13 所示。

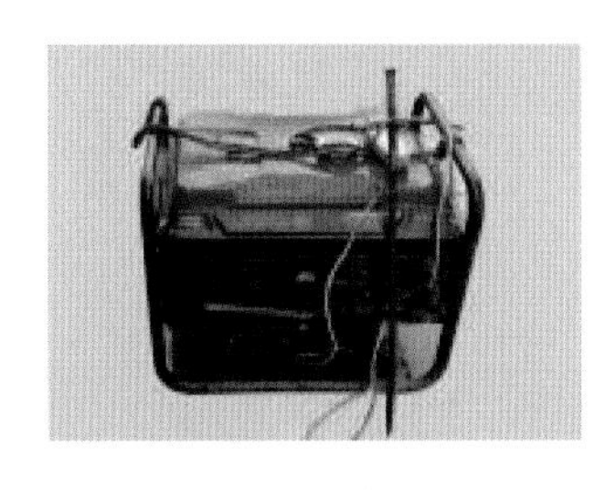

图 3–2　切割机

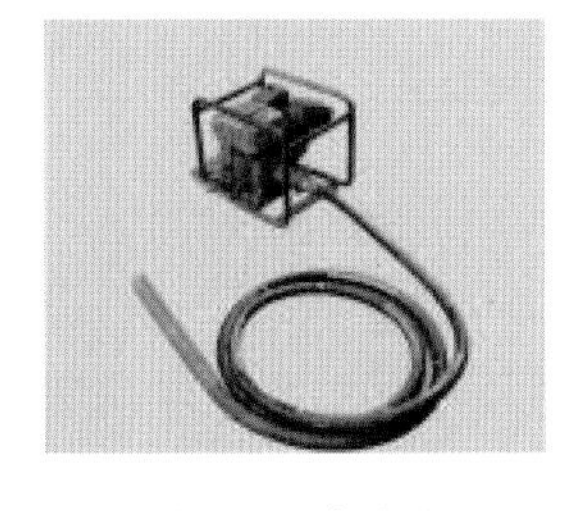

图 3–3　发电机

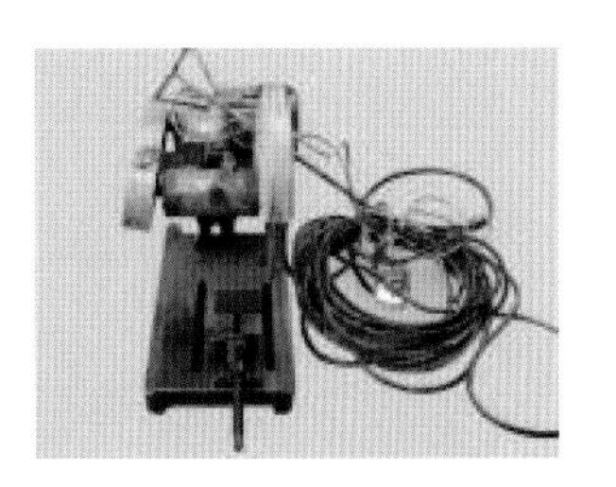

图 3–4　振动棒

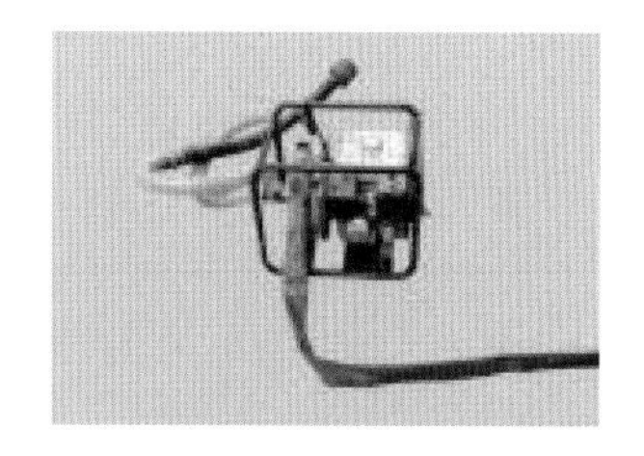

图 3-5　抽水泵

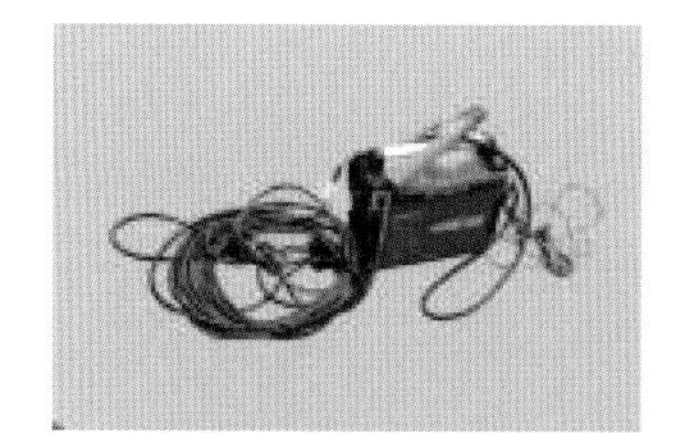

图 3-6　电焊机

图 3-7　配电箱

图 3-8　混凝土搅拌机及配合比牌

图 3-9　钢筋切割机

图 3-10　钢筋弯曲机

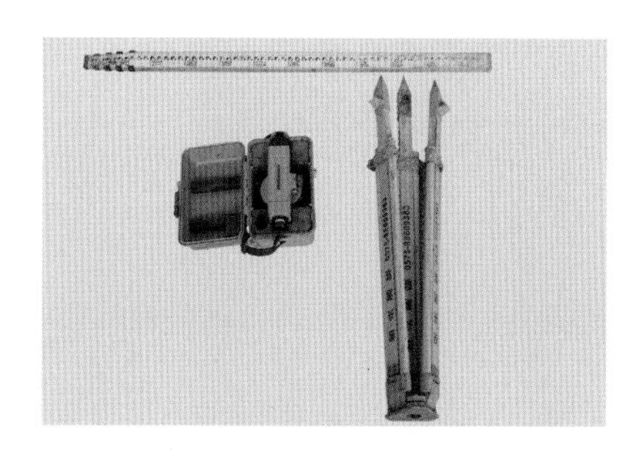

图 3-11　铁锹

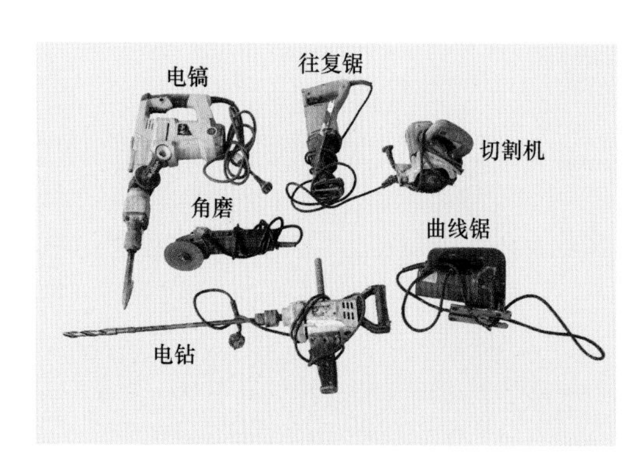

图 3-12　手提式电器工具

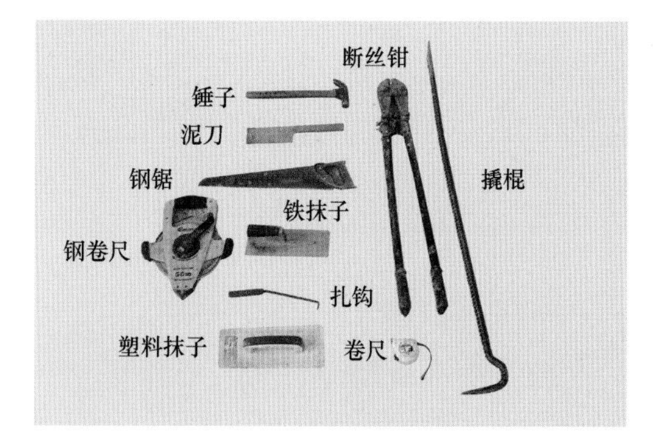

图 3-13　小型工具

施工要点：商品水泥等材料以及施工机具应具备相应合格证。

基础开挖

（1）施工前应认真阅读该工程地质报告，清楚开挖部位的地质情况，并根据地质报告及设计图纸，编制切实可行的地基处理方案及边坡放坡方案，以及边坡

安全支护方案，严防开挖时发生边坡塌方安全事故。提前与市政有关部门进行沟通，确认开挖处有无其他管线，如图 3-14 所示。

图 3-14　机械开挖图

施工要点：按设计施工要求，先降低基面，再进行基坑的开挖，对于降基量较小的，可与基坑开挖同时完成。每开挖 1000mm 左右即应检查边坡的斜度，随时纠正偏差。

（2）基础开挖应清除地基土上垃圾、泥土等杂物，雨季施工时应做好防水及排水措施，不得有积水。

（3）检查设备基础坑。包括：中心桩、控制桩是否完好；基坑坑口的几何尺寸；核对地表土质、水情，并判断地下水位状态和相关管线走向。

施工要点：开挖时，应尽量做到坑底平整。基坑挖好后，应及时进行下道工序的施工。如不能立即进行，应预留 150 ～ 300mm 的土层，在铺石灌浆时或基础施工前再进行开挖。如图 3-15 所示。

图 3-15　土方开挖、清槽以及砂土回填

（4）基坑一般宜采用人工分层分段均匀开挖。

施工要点：操作人员操作时应保持足够间距，以防间距过小在挥锹时发生互相伤害事故。

（5）开挖时，根据不同的土质适当放边坡。

施工要点：避免野蛮施工对市政工程造成破坏。

基坑处理

（1）按照设计图纸进行现场验收。

施工要点：施工中应排除积水，清除淤泥，疏干坑底。

（2）地基处理应对基础持力层进行检查。采用强度等级为C20的保护层，垫层厚度须达到100mm，如图3–16和图3–17所示。

施工要点：砼垫层在基坑验收后立即灌注，如图3–18所示。

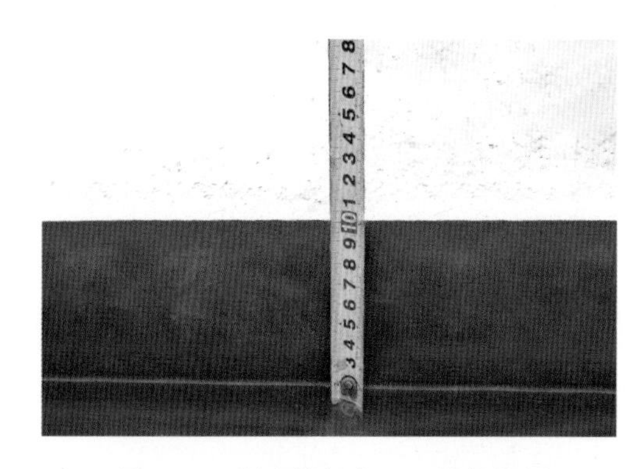

图3–16　强度等级为C20的保护层

图3–17　垫层厚度100mm

图3–18　环网柜基层图

预埋件安装

（1）按照设计图纸的要求，对预埋件轴线位置、标高、平整度进行定位、校

核，将误差值控制在允许范围内。箱式变压器、环网单元基础预留铁件水平误差＜1mm/m，全长水平误差＜5mm，详见表 3–1。

（2）检查无误后，先预埋锚固钢筋，再焊上固定槽钢框。

表 3–1　　预埋件制作质量标准和检验方法

序号	检查项目	质量标准	检验方法及器具
1	焊工技能	从事钢筋焊接施工的焊工必须持有焊工考试合格证，并应按照合格证规定的范围上岗操作	检查合格证
2	钢材品种和质量	预埋件钢板应有质量证明书，其质量应符合设计要求和现行有关标准的规定	检查出厂证件和试验报告
3	焊条、焊剂的品种、性能、牌号	应有质量证明书，其质量应符合设计要求和国家现行相关标准的规定	检查出厂证件和试验报告
4	钢筋级别	符合设计要求和现行有关标准规定	观察检查
5	焊前工艺试验	工程焊接开工前，参与该项工程施焊的焊工必须进行现场条件下的焊接工艺试验，应经试验合格，方准于焊接生产	检查试件试验报告
6	钢筋焊接接头的力学性能检验	符合 JGJ18 的规定	检查焊接试验报告
7	预埋件的型号	符合设计要求和现行有关标准规定	观察和钢尺检查
8	钢筋相对钢板的角度偏差	≤ 2°	刻槽直尺检查
9	钢筋间距偏差	± 3mm	钢尺检查
10	穿孔塞焊	符合 JGJ18 的规定	钢尺检查
11	构造要求	符合 16G362 要求	观察检查
12	钢材品种和质量	钢材应有质量证明书，其质量应符合设计要求和现行有关标准的规定	检查出厂证件和试验报告
13	焊条电弧焊：采用 HPB300 钢筋时	角焊缝焊脚高度不得小于钢筋直径的 50%	观察和焊接工具尺检查
	焊条电弧焊：采用 HPB300 以外钢筋时	角焊缝焊脚高度不得小于钢筋直径的 60%	
14	钢板外观质量	表面应无焊痕、明显凹陷和损伤	观察检查
15	接头焊缝外观质量	焊缝表面不得有气孔、夹渣和肉眼可见的裂纹；咬边深度不大于 0.5mm	观察和刻度放大镜检查
16	钢板平整偏差	≤ 3mm	直尺和楔形塞尺检查
17	型钢埋件挠曲	不大于 1/1000 型钢埋件长度，且不大于 5mm	拉线和钢尺检查
18	预埋件尺寸偏差	+ 10 ～ −5mm	钢尺检查
19	螺栓及螺纹长度偏差	+ 10 ～ 0mm	钢尺检查
20	预埋管的椭圆度	不大于 1% 预埋管直径	钢尺检查

施工要点：箱、柜基础预留铁件水平误差<1mm/m，全长水平误差<5mm。

（3）检查无误后，先预埋锚固钢筋，再焊上固定槽钢框。

施工要点：箱、柜基础预留铁件（型钢）位置误差及不平行度全长<5mm，切口应无卷边、毛刺，如图 3-19 所示。

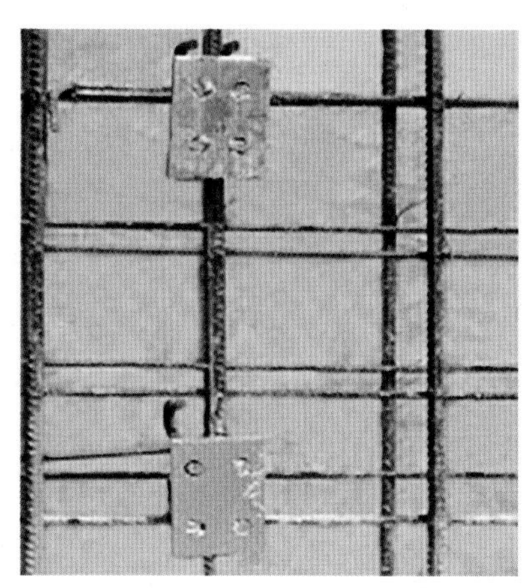

图 3-19　预埋件安装

防腐处理

（1）涂漆前应将焊接药皮去除干净，漆层涂刷均匀。

施工要点：预埋铁件及支架刷防锈漆，涂刷均匀，无漏点。

（2）位于湿热、盐雾以及有化学腐蚀的地区时，应根据设计做特殊的防腐处理，如图 3-20 所示。

施工要点：对电缆固定支架焊接处进行面漆补刷。

图 3-20　电缆固定支架焊接防腐

基坑立模浇筑

（1）基础砌筑前应复测，确定方向后按设计要求进行砌筑。

（2）井口圈梁按图纸要求进行钢筋绑扎，如图 3-21 所示。

（3）圈梁模板应用托架稳固、模板应平直，支撑合理、稳固，便于拆卸。

（4）墙板混凝土浇筑完成后，在满足强度要求的前提下，进行模板拆除，并将浇筑时的流淌和残渣清理干净。

图 3-21　井口钢筋绑扎

3.3　验收要点

（1）箱式变压器、环网单元基础高出地面一般为 500mm，电缆井深度应大于 1000mm，部分寒冷地区应大于 1500mm，保证开挖至冻土层以下，基础两侧应埋设防小动物的通风窗，钢网密度应不大于 5mm，高于半米的基础应加设阶梯。

（2）基础坑深度允许误差为 -50mm，+100mm（岩石基础坑深不允许有负偏差）坑底应平整。

（3）电缆工井宜采取防坠落措施。

第 4 章　接地施工工艺

本章介绍了环网箱、箱式变压器接地施工工艺，内容包括施工流程、施工要求，以及验收要点。

4.1　施工流程

接地网敷设施工流程如图 4-1 所示。

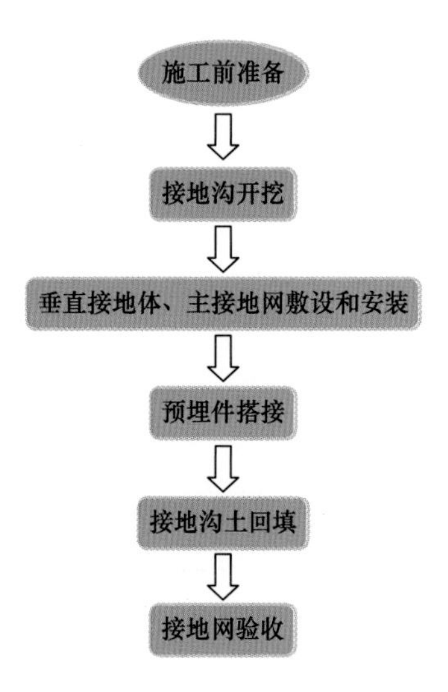

图 4-1　接地网敷设施工流程

4.2　施工要求

施工前准备

施工前准备相应材料、机具等，如图 4-2 ～图 4-7 所示。

施工要点：商品水泥等材料以及施工机具应具备相应合格证。

图 4-2　水泥

图 4-3　黄沙

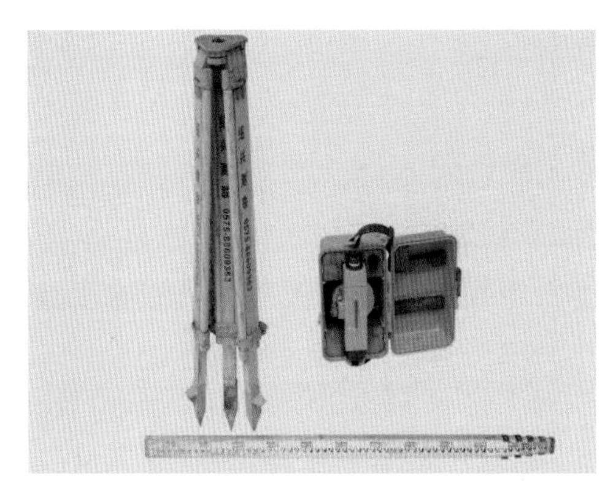

图 4-4　水准仪

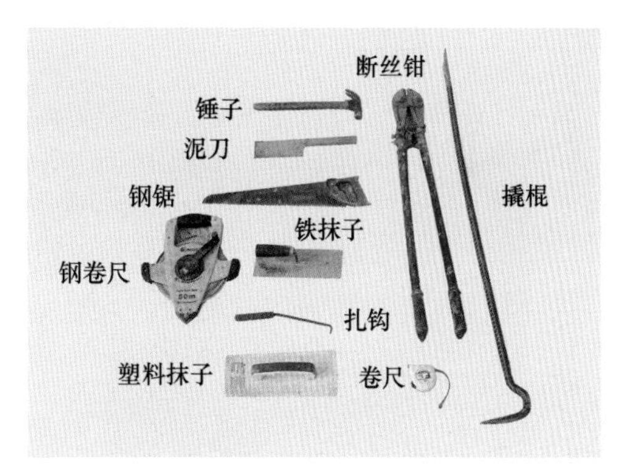

图 4-5　铁锹

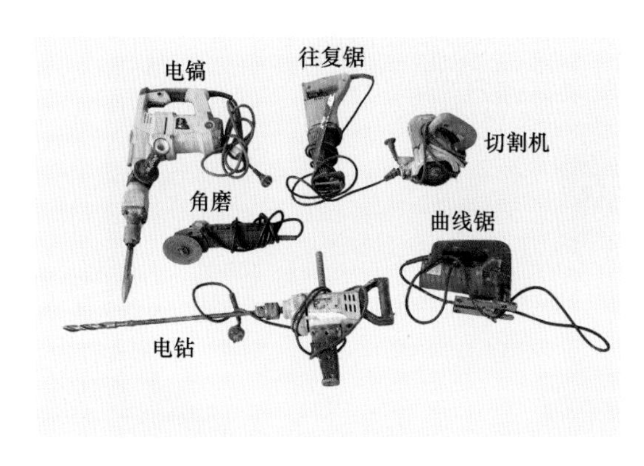

图 4-6　手提式电气工具

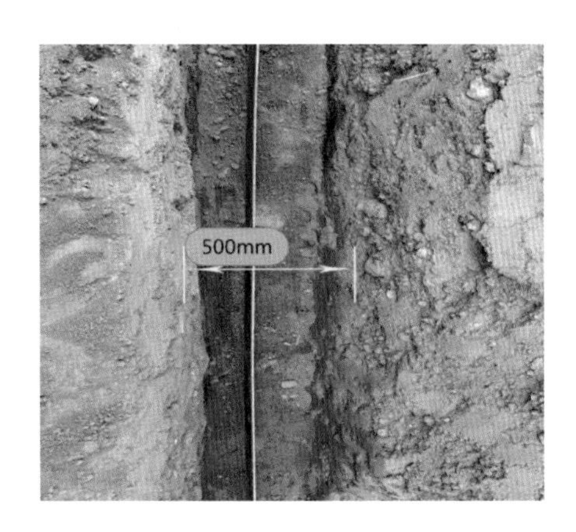

图 4-7　小型工具

接地沟开挖

根据主接地网的设计图纸对主接地网敷设位置、网格大小进行放线。接地沟深度应按照设计或规范要求进行开挖。接地沟宜按场地或分区域进行开挖，如图 4-8 所示。

图 4-8　接地沟开挖

施工要点：接地沟宜按场地或分区域进行开挖。

垂直接地体、主接地网敷设和安装

（1）按照设计图纸的位置安装垂直接地体。垂直接地体上端的埋入深度应满足设计或规范要求。安装结束后在上端敲击部位采用防腐处理。

施工要点：垂直接地体未埋入接地沟之前应在垂直接地体上焊接一段水平接地体，水平接地体宜预制成弧形或直角形。

（2）主接地网的连接方式应符合设计要求，一般采用焊接，焊接应牢固、无虚焊。对于接地材料为有色金属的采用热制焊。钢接地体的搭接应使用搭接焊。接地网敷设，焊接后在反腐层损坏焊痕外 100mm 内再做防腐处理，如图 4–9 所示。

图 4–9　接地体焊接

施工要点：搭接长度和焊接方式应符合以下规定：

1）扁钢—扁钢：扁钢为其宽度的 2 倍（且至少 3 个棱边焊接）。

2）圆钢—圆钢：圆钢为其直径的 6 倍（接触部位两边焊接）。

3）扁钢—圆钢：搭接长度为圆钢直径的 6 倍（接触部位两边焊接）。

4）在“十”字搭接处，应采取弥补搭接面不足的措施以满足上述要求。

（3）裸铜绞线与铜排及铜棒接地体的焊接应采用热熔焊方法。

施工要点：

1）对应焊接点的模具规格应正确完好，焊接点导体和焊接模具清洁。

2）大接头焊接应预热模具，模具内热熔剂填充密实。

3）接头内导体应熔透。

4）铜焊接头表面光滑、无气泡，应用钢丝刷清除焊渣并涂刷防腐清漆。

预埋铁件接地连接

应用镀锌层完好的扁钢进行接地，焊接应牢固可靠，无虚焊，搭接长度、截

面应符合规范规定，如图 4-10 所示。多台配电设备应共用预埋型钢。

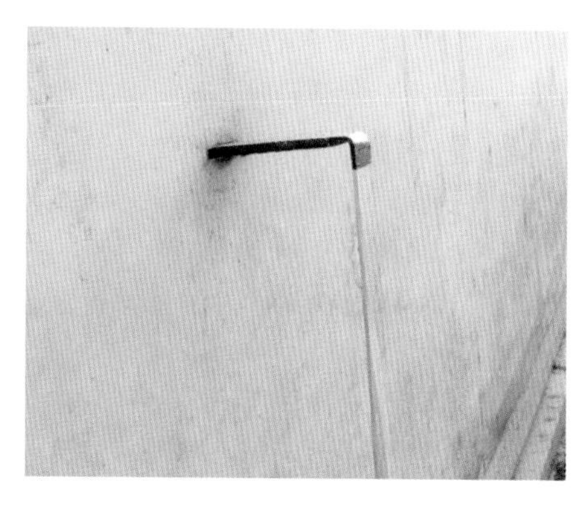

图 4-10　预埋铁件接地连接

施工要点：预埋铁件应无断开点，通常应与主接地网有不少于 3 个独立的接地点。

接地沟土回填

接地网的某一区域施工结束后，应及时进行回填土工作，如图 4-11 所示。在接地沟回填土前应经过验收，合格后方可进行回填工作。

图 4-11　回填土分层夯实图

施工要点：回填土内不得夹有石块和建筑垃圾，不得有较强的腐蚀性，回填土应分层夯实。

接地网验收

验收时提供记录工作完成情况和隐蔽工程签证。重要设备或接地装置的接地隐蔽部位在验收时提供数码照片。现场需安装接地标识，标识应接地体黄绿漆的间隔宽度一致，顺序一致。明敷接地垂直段离地面 1500mm 范围内采用黄绿漆标识。

4.3 验收要点

（1）接地体埋设深度和防腐应符合设计要求。

（2）设备接地安装引上接地体与设备连接采用螺栓搭接，搭接面要求紧密，不得留有缝隙。

（3）接地电阻值应符合设计要求。

（4）预埋铁件接地连接应用镀锌层完好的扁钢进行接地，焊接应牢固可靠，无虚焊，搭接长度、截面应符合规范规定，如表 4–1 所示。多台配电设备应共用预埋型钢。

表 4–1　　接地装置质量标准及检验方法表

序号	检查项目	质量标准	检验方法及器具
1	接地装置测试点设置	接地装置在地面以上的部分，应按设计要求设置测试点，测试点不应被外墙饰面遮蔽，且应有明显标识	观察检查
2	接地模块的埋设深度、间距和基坑尺寸	接地模块顶面埋深不小于 0.6m，接地模块间距不应小于模块长度的 3 ～ 5 倍。接地模块埋设基坑，一般宜为模块外形尺寸的 1.2 ～ 1.4 倍，且应详细记录开挖深度内的地层情况	观察、钢尺检查
3	接地模块应垂直或水平就位	接地模块应垂直或水平就位，并应保持与原土层接触良好	观察检查
4	接地装置埋深、间距和搭接长度	当设计无要求时，接地装置顶面埋设深度不应小于 0.6m。圆钢、角钢及钢管接地极应垂直埋入地下，间距不应小于 5m；人工接地体与建筑物的外墙或基础之间的水平距离不宜小于 1m。接地装置的焊接应采用搭接焊，搭接长度应符合下列规定： ①扁钢与扁钢搭接为扁钢宽度的 2 倍，且应至少三面施焊； ②圆钢与圆钢搭接为圆钢直径的 6 倍，且应双面施焊； ③圆钢与扁钢搭接为圆钢直径的 6 倍，且应双面施焊； ④扁钢与钢管，扁钢与角钢焊接，应紧贴角钢外侧两面，或紧贴 3/4 钢管表面，上下两侧施焊； ⑤除埋设在混凝土中焊接接头外，有防腐措施	观察、钢尺检查
5	接地装置防腐及搭接长度	接地装置的焊接应采用搭接焊，除埋设在混凝土中的焊接接头外，其余接头均应有防腐措施，搭接长度应符合下列规定： ①扁钢与扁钢搭接为扁钢宽度的 2 倍，至少三面施焊； ②圆钢与圆钢搭接为圆钢直径 6 倍，双面施焊； ③圆钢与扁钢搭接为圆钢直径的 6 倍，双面施焊； ④扁钢与钢管、扁钢与角钢焊接时，紧贴 3/4 钢管表面，或紧贴角钢外侧两面，上下两侧施焊	施工中观察检查、尺量检查，查阅隐蔽工程记录
6	接地极采用热剂焊的要求	当接地极为铜材和钢材组成，且铜与铜或钢与钢材连接采用热剂焊时，接头应无贯穿性的气孔且表面光滑	观察、钢尺或对照设计文件检查
7	接地装置材质和最小允许规格	符合设计要求。当设计无要求时，接地装置的材料采用为钢材，热浸镀锌处理，最小允许规格、尺寸应符合现行标准的规定	观察、钢尺或对照设计文件检查

第 5 章　电气安装工艺

本章介绍环网箱、箱式变压器的电气安装工艺，包括施工流程、施工要求和验收要点。

5.1　施工流程

环网箱安装施工流程图如图 5-1 所示。

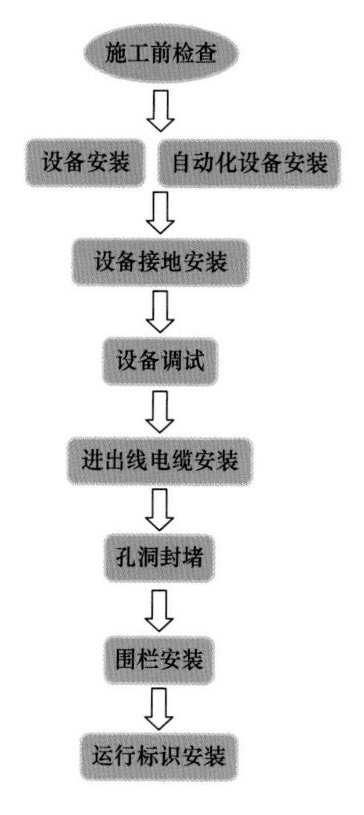

图 5-1　环网箱安装施工流程图

5.2　施工要求

施工前现场检查

（1）开箱检查环网箱单元型号、规格符合设计图纸要求。产品的技术文件齐全。外观应无机械损伤、变形和局部脱落，设备标志、附件、备件齐全。气室气压应在允许范围内（气压检测装置显示正常）。

施工要点：活动部件动作灵活、可靠，传动装置动作正确，现场试操作 3 次。当环网箱安装在潮气较重、易起凝露的地区时，环网柜宜具备防凝露、通风等装置，并且环网箱基础应加装通风口，如图 5-2 所示。

（2）基础预埋件及预留孔洞应符合设计要求，预埋件应牢固。设备安装用的紧固件应采用防腐处理，并宜采用标准件。

施工要点：室内基础槽钢水平误差＜1mm/m，全长水平误差＜5mm；柜体槽钢不直度误差＜1mm/m，全长不直度误差＜5mm，位置误差及不平行度＜5mm。

图 5-2　环网箱安装现场示意图

设备安装

（1）应采用专用吊具底部起吊，如图 5-3 所示。

图 5-3　环网箱吊装

施工要点：环网单元与基础应固定可靠，注意事项如下：

1）安装地基应尽量保证平滑，不应在安装部位及拼装部位有明显的坑凹或凸起。

2）安装前应检查所有连接片及长螺纹杆的螺纹是否良好，建议能够提前试配一下，避免安装时螺纹被研死，无法拆除。

3）母线的绝缘护套两端的密封面应均匀涂抹硅脂，以有效排除气体并防止尘

土和潮气的进入。

4）应按照安装使用说明书的要求使用绿色尼龙线进行排气，操作时注意不要用力过猛使尼龙线线断掉，同时尼龙线放入深度应超过护套端部 5mm 以保证排气的有效性。

5）母线安装后应将扩展柜先推入，注意推入时要尽量保证与固定柜在一条水平线上，避免推入时过于偏斜使螺杆旋入困难。

6）在旋入三根长螺杆时应遵循三根均匀旋入，避免扩展柜偏斜导致扩展不到位，若地基表面比较粗糙，拉拽过程中易出现柜边板扭曲，会造成扩展连接不到位，喷涂连接盖板或勒角无法连接，建议拉拽时使用木方协助边板向扩展位置挪动，扩展完成后应检查两边板的距离应在 43mm，如果不足，请检查相应的连接是否到位以及钣金是否有变形，并充分检查三个连接点是否到位（不应有明显的缝隙）。

7）固定后设备禁止以任何方式挪动或吊装，外壳设计时应预留扩展空间。

（2）柜体应满足垂直度＜1.5mm/m；相邻两柜顶部水平误差＜2mm，成列柜顶部＜5mm；相邻两柜边盘面误差＜1mm，成列柜面小于 5mm，柜间接缝＜1.5mm。

施工要点：户外环网柜安装时，其垂直度、水平偏差允许偏差应符合规定。

（3）平行排列的柜体安装应以联络母线桥两侧柜体为准，保证两面柜就位正确，其左右偏差＜2mm，其他柜依次安装。

（4）电缆接线端子压接时，线端子平面方向应与母线套管铜平面平行，确保接触良好，禁锢力矩 50N，如图 5-4 所示。

图 5-4　箱体固定焊点效果图

施工要点：进入环网单元的三芯电缆用电缆卡箍固定在高压套管的正下方，至少有 2 处固定点，避免产生应力，如图 5-5 所示。

图 5-5　电缆穿入图

（5）条件允许情况下，电缆各相线芯应尽量垂直对称。

施工要点： 电缆从基础下进入环网单元时应有足够的弯曲半径，能够垂直进入，如图 5-6 所示。

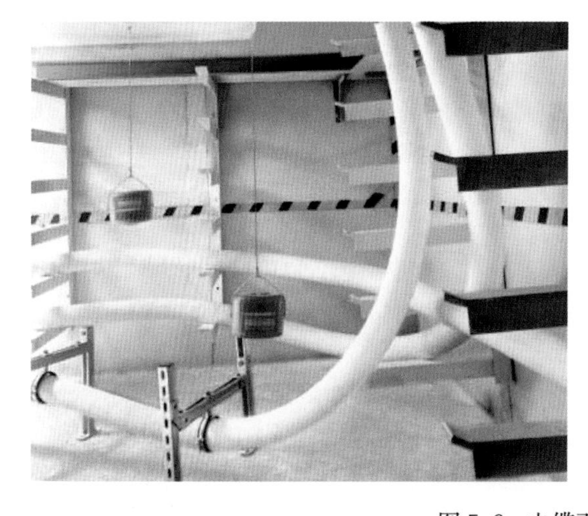

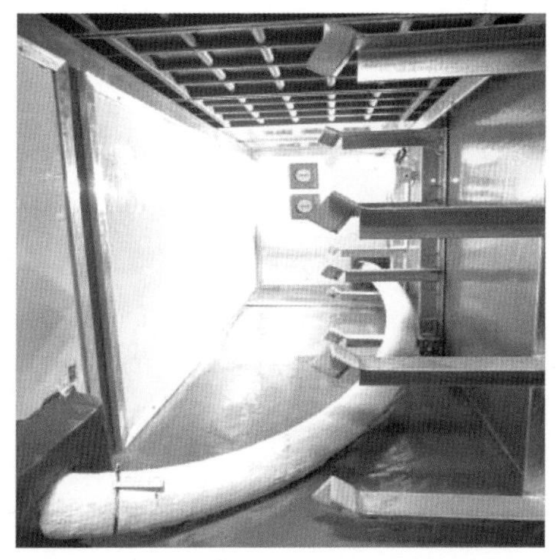

图 5-6　电缆引入图

（6）门内侧应标出主回路的线路图一次接线图，注明操作程序和注意事项，各类指示标识显示正常。

（7）门开启角度应大于 90°，并设定位装置，门应有密封措施。

（8）已安装的故障指示器应安装紧固，防止滑动而造成脱落。

（9）环网柜各项调试内容应符合要求，仪器显示应正常。

施工要点： 安装完成后应进行绝缘试验、工频耐压试验、主回路电阻测量、操动机构检查和测试、二次回路绝缘电阻测量、防误闭锁装置检查及接地电阻测量、母线力矩校验。试验结果应符合相关标准。

（10）若为环网单元检修，在拆除原环网单元进出线电缆头时应采取措施保护电缆头，防止电缆头受潮进水；并做好相色标志，防止相序接线错误，送电后应采取一次或二次核相。

自动化设备安装

（1）终端按安装形式有壁挂式和柜式。采用壁挂式安装时，墙体应牢靠、无腐蚀或渗漏等情况；采用柜式安装时，型钢基础应稳固、接地良好；箱（柜）内各部件应固定牢固，如图 5-7 所示。

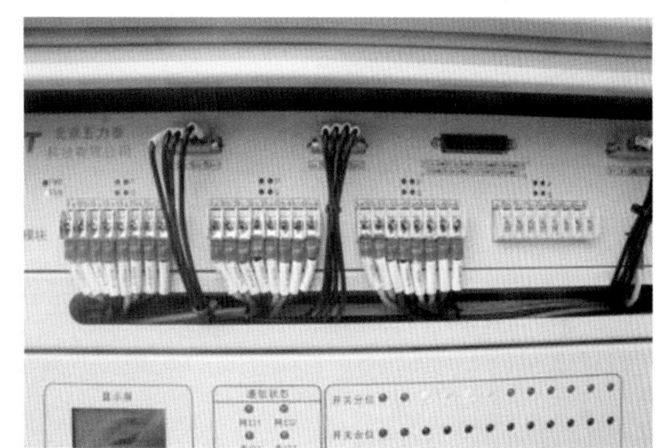

图 5-7　自动化设备安装

施工要点：壁挂式终端安装时，箱体采用膨胀螺栓直接固定在墙体上，且安装垂直、牢固；角铁应保持水平，水平误差不大于 2mm；安装高度应符合设计要求。

（2）箱体和终端设备接地应良好，应配置接地铜排，内部设备的接地须汇总至接地铜排并连接到接地网上。

施工要点：采取绝缘措施，防止蓄电池等交直流电源设备短路。

（3）控制电缆按设计规范在指定通道敷设，电缆两端应整线对线，悬挂体现电缆编号、起点、终点与规格的电缆标识。接线要求可靠、整齐、美观。

施工要点：控制电缆及二次回路整线对线时要注意察看电线表皮是否有破损，不得使用表皮破损的电线，每对完一根电线就应立即套上标有电缆编号的号码管，如图 5-8 所示。

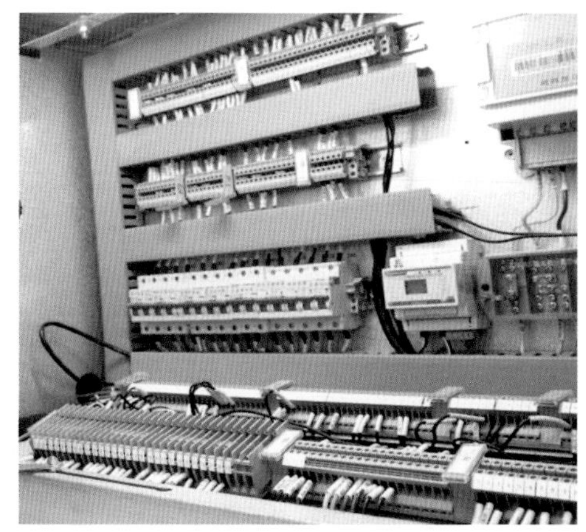

图 5-8　二次接线工艺图

（4）进行电压、电流二次回路接线，检查电流二次回路连通不开路，接线要求可靠、整齐、美观。

施工要点：严格检查电压互感器二次接线，防止短路。

设备接地安装

环网箱箱体应设置至少 2 个独立接地点（对角布置），避免单点接地失效风险。接地点应靠近箱体底部，且避开电缆进出孔和操作机构区域。

箱体出厂时需预留 M12 以上镀锌螺栓孔或焊接接地铜排，表面镀锡处理。使用螺栓连接时，接触面不得涂刷油漆，如图 5-9 所示。

采用截面大于 $25mm^2$ 铜绞线（如 TJ-25）或镀锌扁钢（大于 $40mm \times 4mm^2$），若箱体为不锈钢材质，需使用铜 - 不锈钢过渡接头，避免电化学腐蚀。接地引线涂黄绿相间色标，箱体表面有“已接地”明显标识。

箱门与箱体之间用截面大于 $4mm^2$ 的软铜线跨接，确保活动部件点位一致。

图 5-9　箱体、柜体接地图

设备调试

（1）绝缘电阻试验前将被试设备所有对外连接线拆除。将被试物接地放电 1min，电容量较大的应至少放电 2min，以免触电。在摇绝缘电阻时，绝缘电阻表指针逐渐上升，待 1min 后读取其绝缘电阻值。

施工要点：测量大容量设备如变压器、电缆等绝缘电阻，充电电流很大，因而开始时绝缘电阻表读数很小，并不表示被试设备的绝缘不良，必须经过一定时间才能得到正确结果，并防止被试设备对绝缘电阻表反充电损坏绝缘电阻表。

（2）工频耐压试验前将被试设备所有对外无关的连接线（一次结线）拆除，试验准备就绪后对设备加压直至升至额定电压时，开始计时，时间到后缓慢降下电压。

施工要点：对于升压速度，在 1/3 试验电压以下可以稍快一些，其后升压应均匀，升至额定试验电压的时间为 10 ～ 15s。试验中若发现表计异常摆动或被试设备发出异常响声、冒烟、冒火等，应立即降下电压，在高压侧挂上地线后，查明原因。

进出线电缆安装

（1）固定点应设在应力锥和三芯电缆的电缆终端下部等部位。

施工要点：终端头搭接后不得使搭接处设备端子和电缆受力。

（2）电缆终端搭接和固定必要时加装过渡排，搭接面应符合规范要求。

施工要点：垂直敷设或超过 45° 倾斜敷设的电缆在每个支架、桥架上每隔 50 ～ 200mm 应加以固定。

（3）各相终端固定处应加装符合规范要求的衬垫。电缆及其附件、安装用的钢制紧固件、除地脚螺栓外应用热镀锌制品。

（4）电缆固定后应悬挂电缆标识牌，标识牌尺寸规格统一。

施工要点：单芯电缆或多芯电缆分相后各相电缆的刚性固定，宜采用铝合金等不构成磁性闭合回路的夹具。

（5）电流互感器安装在电缆护套接地引线端上方时，接地线直接接地；电流互感器安装在电缆护套接地引线端下方时，接地线必需回穿电流互感器一次，回穿的接地线必须采取绝缘措施。

施工要点：铠装层和屏蔽均应采取两端接地的方式；当电缆穿过零序电流互感器时，零序电流互感器安装在电缆护套接地引线端上方时，接地线直接接地；零序电流互感器安装在电缆护套接地引线端下方时，接地线必须回穿零序电流互感器一次，回穿的接地线必须采取绝缘措施，如图 5-10 和图 5-11 所示。

图 5-10　电缆终端制作图

图 5-11　电缆终端安装图

（6）搭接低压侧电缆时，应先将低压电缆终端固定，再将电缆头接线端子用螺栓挂在设备接线端上，检查确保电缆头接线端子无应力后，再将电缆头接线端子用螺栓固定，确保连接紧密、良好、牢固。低压侧电缆套管相色应准确，且顺序与搭接端相色顺序一致。电缆搭接完成后，应将电缆的引出接地线与专用的接地母排连接，确保连接紧密、牢固，如图 5-12 所示。

图 5-12　低压电缆出线搭接图

孔洞封堵

（1）在孔洞、盘柜底部铺设厚度为 10mm 的防火板，在孔隙口及电缆周围采用有机堵料进行密实封堵，电缆周围的有机堵料厚度不小于 20mm，如图 5-13 和图 5-14 所示。在孔洞底部防火板与电缆的缝隙处做线脚；防火板不能封隔到的盘柜底部空隙处，用有机堵料严密堵实。

（2）用防火包填充或无机堵料浇筑，塞满孔洞。有机堵料封堵应严密牢固，无漏光、漏风裂缝和脱漏现象，表面光洁平整，如图 5-15 所示。

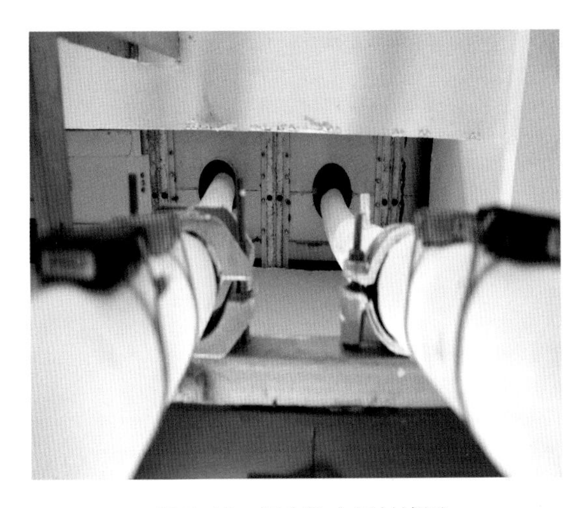

图 5-13　柜内防火板封堵图

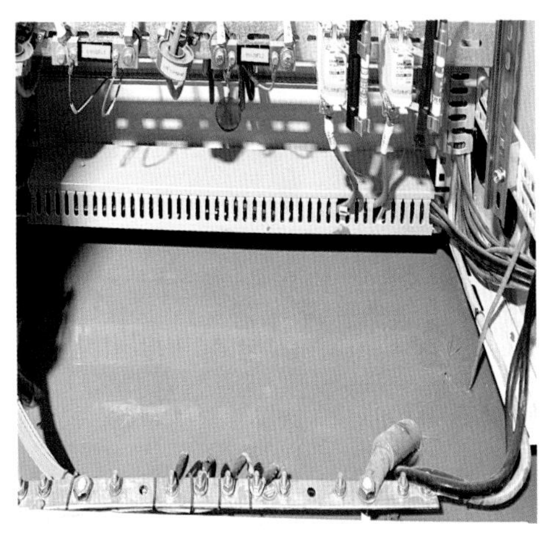

图 5-14　柜内小分子材料封堵图

图 5-15　柜内防火泥封堵

（3）电缆管口应采用有机堵料严密封堵。

施工要点：管径小于 50mm 的堵料嵌入的深度不小于 50mm，露出管口厚度不小于 10mm；随管径的增加，堵料嵌入管子的深度和露出管口的厚度也相应增加，管口的堵料要做成圆弧形。

1）根据电缆沟的尺寸、电缆的位置及排水孔位置切割防火隔板，防火隔板的厚度应不小于10mm。防火墙设置如图5-16所示。

图5-16　防火墙板设置

2）防火墙应设置在距箱体基础1000mm范围内的电缆支架处，防火隔板构筑牢固，可采用适当的角钢制作卡槽，并用金属膨胀螺栓固定。

3）电缆与基础进出孔缝隙处采用有机堵料进行封堵，封堵厚度应高出基础壁平面20mm，四周延伸不小于30mm，如图5-17所示。

图5-17　基础部分封堵图

4）在电缆与管壁的空隙中充填防火阻燃堵料，将空隙填满。堵料嵌入管内深度不小于500mm。管口表面采用有机堵料将电缆部分包裹封堵，封堵厚度高出基础内壁平面20mm，封堵平面呈规则几何图形，表面平整。封堵面应覆盖整个排管面，并向四周延伸不小于30mm，或采用防火涂料进行涂刷，如图5-18所示。

图 5-18　排管防火封堵

5）电缆防火涂层设置。选用符合要求的电缆防火涂料，对箱体基础内及防火墙两侧 1000 ～ 1500mm 范围内的电缆进行防火涂料涂刷。使用前搅拌均匀，并采取防止杂物及污秽进入的措施。采用刷子对电缆依次进行涂刷，涂刷次数不少于 3 次，直至表面涂刷完整均匀，厚度不小于 1mm，如图 5-19 所示。

图 5-19　电缆防火涂料图

围栏安装

（1）环网单元基础与围栏之间的地面铺设混凝土预制砖，围栏与环网箱体之间保留运行通道，围栏尺寸如图 5-20 所示。围栏与箱体外壳之间的的距离确保箱体门打开角度大于 90°。

（2）护栏门上加挂锁，并设防雨板，护栏现场焊接，焊缝处做好防腐处理。钢护栏除锈后涂刷红丹、面漆，围栏外侧设置“高压危险”“禁止进入”等警示标识，警示标识需四面设置。如图 5-21 和图 5-22 所示。

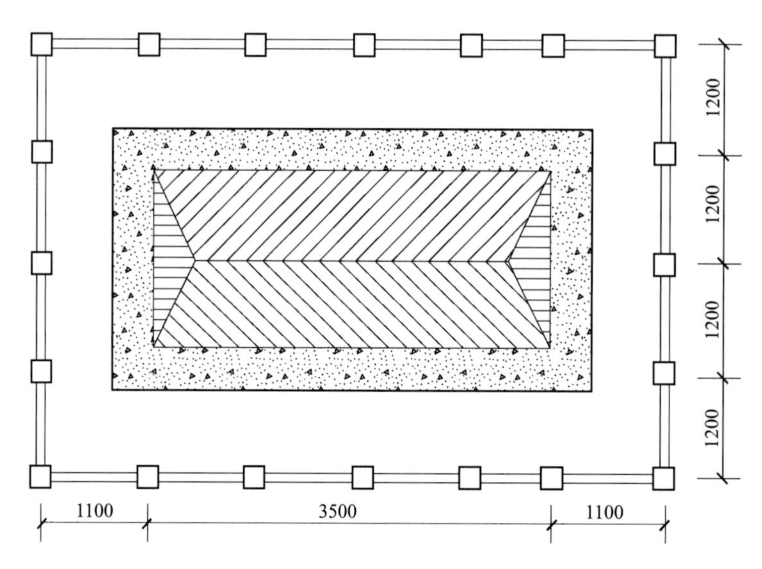

图 5-20　围栏平面图（单位：mm）

图 5-21　环网箱围栏图

图 5-22　箱式变压器围栏图

通风窗制作及装设

（1）通风窗宜采用 2mm 厚钢板冲压百叶窗，百叶窗的孔隙应不大于 10mm，百叶窗外框采用∠25mm × 25mm × 4 的角钢制成。

（2）通风窗安装。通风窗在安装时，应使用金属膨胀螺栓固定在基础通风孔处，安装完毕后应在通风窗里外两面喷涂防锈漆，以避免锈蚀损坏，如图 5-23 所示。

图 5-23　通风窗安装示意图

5.3　验收要点

（1）土建工作已结束，并经验收签证合格，具备交付安装条件。

（2）柜整体部分，特别是后封板的完整性；各门是否灵活、已配置挂锁；顶部有无漏水；风机、照明是否正常；高压柜五防是否可靠，操作机构是否灵活。

（3）箱式变压器、开闭站（环网箱）本体到指定处，安装平正、牢固。

（4）箱式变压器、开闭站（环网箱）外壳须接地。

（5）设备“五防”装置齐全，机械及电气联锁装置动作灵活可靠，设备状态显示仪与设备实际位置一致。

（6）各类标识完整、正确。